跟我学煲健康汤系列

跟我学煲清润健康汤

营养健康，步骤清晰，制作简单，一学就会。 圆梦 著

U0391276

江苏美术出版社

图书在版编目（ＣＩＰ）数据

跟我学煲清润健康汤 / 圆梦著. -- 南京 ： 江苏美术出版社，2012.9
（跟我学煲健康汤系列）
ISBN 978－7－5344－5039－6

Ⅰ．①跟… Ⅱ．①圆… Ⅲ．①粤菜－汤菜－菜谱
Ⅳ．①TS972.122

中国版本图书馆CIP数据核字 (2012) 第226038号

出 品 人　周海歌

选题策划　千高原
责任编辑　曹昌虹
装帧设计　树童科技
版式设计　树童科技

书　　　名 **跟我学煲清润健康汤**
著　　　者 圆　梦
出版发行 **凤凰出版传媒集团**（南京市湖南路1号A楼　邮编 210009）
　　　　　凤凰出版传媒股份有限公司
　　　　　江苏美术出版社(南京市中央路165号　邮编 210009)
　　　　　北京凤凰千高原文化传播有限公司
集团网址　http://www.ppm.cn
出版社网址　http://www.jsmscbs.com.cn
经　　　销　全国新华书店
印　　　刷　深圳市彩之欣印刷有限公司
开　　　本　710×1000　1/16
印　　　张　6
版　　　次　2012 年 10 月第 1 版　2012 年 10 月第 1 次印刷
标准书号　ISBN 978－7－5344－5039－6
定　　　价　19.80元

营销部电话　010-64215835　64216532
营销部地址　江苏美术出版社图书凡印装错误可向承印厂调换
　　　　　　电话：010-64216532

前言

PREFACE

膳 食 养 生 · 汤 水 先 行

无论是丰盛的佳肴还是家常的便饭，无论是中餐还是西餐，餐桌上的菜肴再丰盛，如果没有一碗热气腾腾、鲜香四溢的汤水，还是会显得黯然失色。特别是当下人们追求健康食疗的方法，而合理平衡膳食始终是贯穿于日常生活中的重要环节。重视饮食的调养，通过食物来调整自己的身体状况，不仅有助于提高自身的免疫力，还能健身美容。

还要根据气候的变化、食材的效用，搭配出各种具备功效的健康汤水。本书中选取的材料是适宜身体清润所需的营养要素，例如有清热祛燥的粗粮杂豆类，如玉米、绿豆；应季蔬果类，如萝卜、雪梨；滋阴润燥的荤食类，如鸭肉、生鱼等等。从选料到制作方法，图文并茂，步步分解，轻轻松松跟我学煲清润健康汤。同时亦介绍了清润健康汤的制作诀窍和功效，可以根据个人口味与身体所需依法炮制，煲出一煲疗效显著、鲜香四溢的健康汤水。

目 录 ○CONTENTS

玉米胡萝卜瘦肉汤

材料

猪瘦肉350克，胡萝卜1根，玉米100克，银耳30克，食盐适量。

步骤

Step1

1.玉米洗净切段；胡萝卜去皮切块；银耳浸泡，撕小块。

Step2

2.猪瘦肉洗净，切块，飞水。

Step3

3.适量清水煮沸后加入全部食材煮沸，改用文火煲2小时，加盐调味。

营养功能

本汤具有润肠通便、促进消化、清热生津的功效，适宜干眼症、皮肤粗糙、营养不良者。

温馨贴士

烹调尽管使玉米损失了部分维生素C，却使之获得了更有营养价值的抗氧化活性剂。同时，玉米不宜单独长期食用过多。

黄瓜红枣老鸭汤

材料

老鸭1只，老黄瓜2根，红枣20克，食盐适量。

步骤

Step1

1. 老鸭宰杀后按常规处理，洗净待用。

Step2

2. 老黄瓜连皮洗净，去瓤和籽，切长段；红枣去核洗净。

Step3

3. 把适量清水煮沸后加入全部食材煮沸，改用文火煲2小时，加盐调味。

营养功能

本汤具有去积行滞、清热解暑、开胃消食的功效，适宜食欲不振、体质虚弱者。

温馨贴士

老黄瓜清热解暑，烹调前宜削去头尾部分，这样煲出来的汤才不会有苦味；老黄瓜以粗壮、皮色金黄为上品。

灵芝蜜枣煲鸭汤

材料

老鸭1只，灵芝40克，蜜枣10克，陈皮1块，食盐适量。

步骤

Step1

1.灵芝、蜜枣洗净；陈皮浸软，洗净。

Step2

2.老鸭洗净，斩件，飞水。

Step3

3.把适量清水煮沸后放入全部食材，用猛火煲滚后改慢火煲3小时，放盐调味。

营养功能

本汤具有润肺补肾、养阴止咳、强身健体的功效，适宜阴虚体瘦、食欲不振者。

温馨贴士

灵芝含有多种氨基酸、蛋白质、生物碱、香豆精、甾类、三萜类、挥发油、甘露醇、树脂及糖类、内酯和酶类。

墨鱼粉葛脊骨汤

材料

猪脊骨750克，墨鱼干50克，粉葛500克，花生100克，蜜枣20克，食盐适量。

步骤 Process

Step1

1. 粉葛去皮切块；花生、墨鱼干浸泡；蜜枣洗净。

Step2

2. 猪脊骨斩件，洗净，飞水。

Step3

3. 花生，粉葛和清水煮沸后放入剩下食材，煲滚后改慢火煲3小时，放盐调味。

营·养·功·能

本汤具有清热消暑、利水祛湿、开胃健脾的功效，适宜烦闷口渴、食欲不振者。

温·馨·贴·士

粉葛，又叫葛根，为野葛的根，系豆科葛属多年生植物。春季种植冬季收成，含淀粉较多，常用于熬汤、做菜、提淀粉食用等。

薏米冬瓜老鸭汤

材料

鲜鸭半只，瘦肉300克，冬瓜500克，薏米50克，陈皮1块，食盐适量。

步骤

Step1

1. 冬瓜去瓤切厚块；薏米浸泡1小时；陈皮浸软，洗净。

Step2

2. 鲜鸭洗净，斩大件；瘦肉洗净，切厚片。

Step3

3. 薏米和清水煮沸后放入剩下食材，煲滚后改慢火煲2.5小时，放盐调味。

营养功能

本汤具有生津除烦、清热消暑、利尿消肿、健脾利水的功效，适宜暑热口渴、痰热咳喘者。

温馨贴士

冬瓜用于煲汤时，一般连皮一起食用，这样的食疗效果会更显著。

木瓜煲猪手汤

营养功能

本汤具有抗皱防衰、延年益寿、健脾消食、丰胸美肤的功效。

温馨贴士

木瓜性温，不寒不燥，其中的营养成分容易被皮肤直接吸收，使身体更易吸收充足的营养，从而使皮肤变得光洁，皱纹减少，面色红润。

材料

猪手750克，木瓜1个，花生100克，生姜2片，食盐适量。

步骤

Step1

1.木瓜去皮和籽，洗净切厚块；花生浸泡半小时，洗净；生姜洗净，切两小片。

Step2

2.猪手洗净，斩件，飞水。

Step3

3.把适量清水煮沸后放入全部食材，猛火煲滚后改慢火煲3小时，放盐调味。

冬瓜干贝煲鸭汤

材料

鲜鸭半只，瘦肉300克，冬瓜800克，干贝50克，陈皮1块，食盐适量。

步骤

1. 干贝温水浸泡；冬瓜洗净去瓤，带皮切大块；陈皮洗净。

2. 把鸭洗净，斩成大件，飞水；瘦肉洗净，切块，飞水。

3. 在锅内放入适量清水煮沸后加入全部食材，用猛火煲滚后改慢火煲3小时，加盐调味。

营养功能

本汤具有化痰止咳、祛暑清热、解毒排脓、利水消炎、润肺生津的功效。

温馨贴士

陈皮用作调味料，有去腥解腻、增香添味的作用，以片大、色鲜、油润、质软、香气浓者为佳。

银耳红枣鹌鹑汤

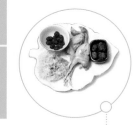

鹌鹑1只，红枣20克，银耳20克，蜜枣20克，食盐适量。

步骤 Process

Step1

1. 银耳浸泡，撕小块；红枣去核，洗净；蜜枣洗净。

Step2

2. 鹌鹑处理后洗净待用。

营·养·功·能

本汤具有润泽肌肤、养血美颜的功效，适宜肤色晦暗、缺乏光泽、口渴心烦者。

温·馨·贴·士

鹌鹑滋养补益，富含卵磷脂、多种激素和胆碱等，其营养价值比鸡肉高，且味道鲜美，易消化吸收。

Step3

3. 把适量清水煮沸后放入全部食材，猛火煲滚后改慢火煲2小时，放盐调味。

雪梨苹果黑鱼汤

材料

黑鱼1条，苹果2个，雪梨2个，蜜枣20克，生姜2片，食盐适量。

步骤

Step1

1.苹果去皮、核，切块；雪梨去核，切块；生姜洗净，切两片。

Step2

2.黑鱼处理后洗净；烧锅下油和姜片，鱼入锅，煎至金黄色。

Step3

3.把清水煮沸后放入全部食材，猛火煲滚后改慢火煲1小时，放盐调味。

营养功能

本汤具有养阴润燥、润泽肌肤的功效，适宜秋冬季皮肤干燥、肌肤缺水、色斑、黑眼圈者。

温馨贴士

雪梨用于煲汤时一般不去皮，因为雪梨皮富含营养，会使煲出来的汤疗效更佳。

黑豆塘虱鱼汤

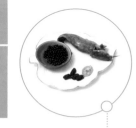

材料

塘虱鱼1条，黑豆50克，黑枣20克，生姜适量，食盐适量。

步骤

Step1

1. 黑豆提前半天浸泡，洗净；黑枣洗净；备好适量生姜。

Step2

2. 塘虱鱼处理后，烧锅下油和姜片，鱼入锅，煎至金黄色。

Step3

3. 黑豆和清水煮沸后放入剩下食材，改慢火煲1.5小时，放盐调味。

营养功能

本汤具有健脾养血、乌发生发、润泽肌肤的功效，适宜脾虚胃弱、肌肤干燥者。

温馨贴士

塘虱鱼体表黏液丰富，宰杀后放入沸水中烫一下，再用清水洗净，即可去掉黏液。

芝麻核桃乳鸽汤

材料

乳鸽1只，瘦肉250克，核桃肉50克，黑芝麻30克，蜜枣20克，食盐适量。

步骤

Step1

1.乳鸽去毛、内脏，洗净，飞水；瘦肉洗净，切块，飞水。

Step2

2.黑芝麻、核桃肉、蜜枣洗净。

Step3

3.把适量清水煮沸后放入全部食材，再用猛火煲滚后改慢火煲3小时，放盐调味。

营养功能

本汤具有滋阴养血、养肝固肾、黑发生发的功效，适宜肾虚、须发早白、大便不畅者。

温馨贴士

芝麻仁外面有一层稍硬的膜，碾碎后食用才能使人体吸收到营养，所以芝麻经加工后再吃营养更佳。

茅根竹蔗瘦肉汤

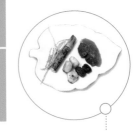

🐸 材料

猪瘦肉600克，竹蔗250克，白茅根30克，马蹄100克，蜜枣20克，食盐适量。

■ 步骤 Process

Step1

1.竹蔗洗净，切小块；马蹄去皮，洗净；白茅根、蜜枣洗净。

Step2

2.猪瘦肉洗净，切厚片，飞水。

营·养·功·能

本汤具有清热生津、利尿通便、解酒除烦的功效，适宜烟酒过多引起的烦热不安、咽痛口渴者。

温·馨·贴·士

白茅根能除烦热，利小便，鲜用效果更佳；以条粗、色白、味甜者为佳；白茅根不能用铁器存放，切制白茅根忌用水浸泡，以免钾盐丢失。

Step3

3.把适量清水煮沸后放入全部食材，猛火煲滚后改慢火煲2小时，放盐调味。

核桃苹果鲫鱼汤

材料

鲫鱼1条，苹果1个，核桃肉50克，生姜2片，食盐适量。

步骤

Step1

1. 苹果去皮和核，洗净切块；核桃肉洗净。

Step2

2. 鲫鱼处理后洗净；烧锅下油和姜片，鱼入锅，煎至金黄色。

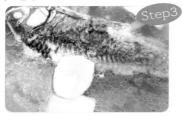
Step3

3. 清水煮沸后放入全部食材，猛火煲滚后改慢火煲1小时，放盐调味。

营养功能

本汤具有补益肝肾、养心悦颜、健脾益气的功效，适宜肝肾不足引起的肤色晦暗、黑眼圈者。

温馨贴士

苹果中含有大量的镁、硫、铁、铜、碘、锰、锌等微量元素，可使皮肤细腻、润滑、红润有光泽。

花胶炖老鸭汤

材料

鸭肉400克，花胶20克，淮山50克，枸杞20克，食盐适量。

步骤

Step1

1. 花胶浸水发透，洗净切丝；淮山、枸杞洗净。

Step2

2. 鸭肉洗净，斩件，飞水。

Step3

3. 把全部食材放入炖盅内，加入适量清水，隔水炖3小时，放盐调味。

营养功能

本汤具有补中益气、旺血养血、滋阴美颜、开胃消食的功效，适宜滑精遗精、带下者。

温馨贴士

花胶为鱼鳔干制而成，有黄鱼肚、鲖鱼肚、鳗鱼肚等，以广东所产的"广肚"质量最好，福建、浙江一带所产的"毛常肚"较次于广肚，但也是佳品。

黄豆冬菇猪手汤

材料

猪手750克，黄豆100克，冬菇50克，生姜适量，食盐适量。

步骤

1. 黄豆浸泡1小时，洗净；冬菇浸软，去蒂洗净；备好适量生姜。

2. 猪手洗净，斩件，飞水。

3. 把适量清水煮沸后放入全部食材，猛火煲滚后改慢火煲2小时，放盐调味。

营养功能

本汤具有滋润养血、润泽肌肤的功效，适宜皮肤干燥、易生色斑、口干烦躁者。

温馨贴士

黄豆和猪手均属滞腻的食品，易引起消化不良，脾虚气滞、消化功能差者慎食。

冲菜冬瓜瘦肉汤

材料

瘦肉400克，冬瓜450克，冲菜50克，食盐适量。

步骤 Process

Step1

1.冬瓜去瓤，带皮洗净切块；冲菜洗净，切成条。

Step2

2.瘦肉洗净，切片，飞水。

 营·养·功·能

本汤具有消暑清热、生津除烦、健脾开胃的功效，适宜胸闷胀满、暑天烦渴者。

 温馨贴士

冲菜经腌制后含盐分较高，和冬瓜煲汤，既可醒胃、开胃，又能补钙，可平衡机体的缺水状态。

Step3

3.将适量清水煮沸后放入全部食材，猛火煲滚后改慢火煲1.5小时，放盐调味。

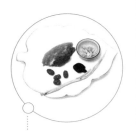

党参麦冬瘦肉汤

材料

猪瘦肉700克，党参55克，麦冬35克，生地黄25克，红枣15克，食盐适量。

步骤

Step1

1.党参、生地黄、麦冬洗净；红枣去核，洗净。

Step2

2.猪肉洗净，切块，飞水。

Step3

3.把适量清水煮沸后放入全部食材，猛火煲滚后改慢火煲1.5小时，加盐调味即可。

营养功能

本汤具有滋阴润肺、生津止渴、清心除烦的功效，适宜内热消渴、心烦失眠者。

温馨贴士

党参应以根肥大粗壮、肉质柔润、香气浓、甜味重、无渣者为佳；党参不宜与藜芦同用。

玉竹红枣鸡汤

🐓材料

鲜鸡1只，玉竹30克，红枣20克，生姜适量，食盐适量。

■步骤

Step1

1.鲜鸡洗净，斩件。

Step2

2.玉竹洗净；红枣去核，洗净。

Step3

3.把适量清水煮沸后放入全部食材，猛火煲滚后改慢火煲2小时，放盐调味。

营养功能

本汤具有润燥养阳、养胃生津、除烦醒脑的功效，适宜内热消渴、燥热咳嗽、阴虚外感者。

温馨贴士

鸡屁股是淋巴最为集中的地方，也是储存病菌、病毒和致癌物的仓库，煲汤之前应将其弃掉。

苦瓜冬瓜脊骨汤

🍴材料

猪脊骨750克，冬瓜500克，苦瓜1根，蜜枣15克，食盐适量。

■步骤

Step1

1.冬瓜、苦瓜洗净，切大块；蜜枣洗净。

Step2

2.猪脊骨斩件，洗净，飞水。

Step3

3.把适量清水煮沸后放入全部食材，猛火煲滚后改慢火煲3小时，放盐调味。

营 养 功 能
本汤具有利暑祛湿、通便利水、生津除烦的功效，适宜口渴心烦、汗多尿少、食欲不振者。

温 馨 贴 士
苦瓜又名凉瓜，味苦，性寒；归心、肺、脾、胃经。具有消暑清热、解毒、健胃之功效。

阿胶炖鸡胸肉汤

材料

鸡胸肉150克，阿胶30克，食盐适量。

步骤 Process

Step1

1.鸡胸肉洗净，切成丝。

Step2

2.把适量清水煮沸后，放入阿胶煮至溶化。

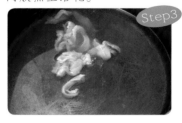
Step3

3.放入鸡丝，煮至鸡丝熟，放盐调味。

营·养·功·能

本汤具有补血滋阴、养血调经的功效，适宜妇女阴血不足、月经不调、面黄眩晕者。

温·馨·贴·士

阿胶有股特殊的膻味，不易被人接受，但通过不同的制作方法，可以消除膻味。本汤所介绍的制作方法，既省时方便，又能减少膻味。

粉葛绿豆脊骨汤

材料

猪脊骨750克，粉葛500克，绿豆50克，蜜枣15克，食盐适量。

步骤

Step1

1.粉葛去皮，洗净，切块；绿豆浸泡1小时，洗净；蜜枣洗净。

Step2

2.猪脊骨洗净，斩件，飞水。

Step3

3.把适量清水煮沸后放入全部食材，猛火煲滚后改慢火煲2.5小时，放盐调味。

营养功能

本汤具有清热解毒、生津止渴、醒酒除烦的功效，适宜湿热泄泻、烟酒过多、口干口苦者。

温馨贴士

粉葛中的丙酮提取物有使体温恢复正常的作用，对多种发热有效。故常用于发热口渴、心烦不安等症。

咸蛋瘦肉汤

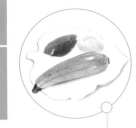

 营养功能

本汤具有解渴除烦、利尿通便、涤胃益气、消暑清热的功效，适宜烦热口渴、小便不利者。

 温馨贴士

中医认为，咸鸭蛋清肺火、降阴火功能比未腌制的鸭蛋更胜一筹，煮食可治愈泻痢。其中咸蛋黄油可治小儿积食。

材料

猪瘦肉500克，西葫芦1个，咸蛋1只，食盐适量。

步骤

1. 猪瘦肉洗净，切片。

2. 西葫芦剖开去瓤，洗净，切块；咸蛋去壳。

3. 清水煮沸后放入西葫芦和蛋黄煲半小时，加入瘦肉煲20分钟，倒进蛋液，放盐调味。

苹果排骨汤

材料

排骨500克，苹果2个，南、北杏仁共30克，蜜枣20克，食盐适量。

步骤

Step1

1. 苹果去皮和核，洗净切块；南、北杏仁、蜜枣洗净。

Step2

2. 排骨洗净，斩件，飞水。

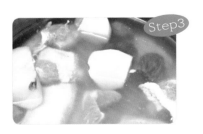
Step3

3. 把适量清水煮沸后放入全部食材，猛火煲滚后改慢火煲1.5小时，放盐调味。

营养功能

本汤具有美容润肤、生津止渴、健脾益胃的功效，适宜口感心烦、消化不良、皮肤粗糙者。

温馨贴士

本汤制作简单，口感极佳，排骨中含有水果清香，一点也不油腻。汤中已经带有水果的甜味，只要加少许食盐调味即可。

莲子雪蛤鸡汤

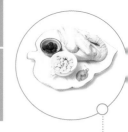

材料

鲜鸡1只，莲子60克，雪蛤膏20克，红枣20克，生姜适量，食盐适量。

步骤 Process

Step1

1.雪蛤膏浸涨后去掉杂质，洗净；红枣、莲子洗净；备好适量生姜。

Step2

2.鸡肉洗净，切半，飞水。

Step3

3.把适量清水煮沸后放入全部食材，猛火煲滚后改慢火炖2.5小时，放盐调味。

营·养·功·能

本汤具有滋阴养肝、调补内分泌、延缓衰老的功效，适宜肤色沉着、心悸衰弱、头晕疲乏者。

温·馨·贴·士

雪蛤膏常带有肠脏杂质，在浸泡后要细心剔除，以去除腥味。

鸭肾菜干瘦肉汤

材料

鸭肾250克，猪瘦肉200克，白菜干150克，蜜枣20克，食盐适量。

步骤

Step1

1. 白菜干浸泡2小时，洗净待用；蜜枣洗净。

Step2

2. 鸭肾洗净，切件；猪瘦肉洗净，切片。

Step3

3. 把适量清水煮沸后放入全部食材，再猛火煲滚后改慢火煲2小时，加盐调味即可。

营养功能

本汤具有止咳润肺、生津止渴、清燥健脾的功效，适宜咽喉干燥、干咳无痰者。

温馨贴士

鸭肾一次食用不宜过多，否则难消化。

花生木瓜排骨汤

材料

猪排骨500克，木瓜1个，花生50克，红枣20克，食盐适量。

步骤

Step1

1.木瓜去皮和籽，切块；花生浸泡半小时；红枣去核，洗净。

Step2

2.排骨洗净，斩件，飞水。

Step3

3.把适量清水煮沸后放入全部食材，猛火煲滚后改慢火煲2小时，加盐调味。

营养功能

本汤具有滋润皮肤、润肠通便、养颜补血的功效，适宜营养不良、产妇乳少者。

温馨贴士

木瓜中含有大量水分、碳水化合物、蛋白质、脂肪、多种维生素及多种人体必需的氨基酸，可有效补充人体的养分，增强机体的抗病能力。

赤豆芝麻鹌鹑汤

**材料**

鹌鹑2只，黑芝麻20克，赤豆50克，桂圆肉30克，蜜枣20克，食盐适量。

步骤

Step1

1.赤豆、黑芝麻、桂圆肉洗净，浸泡；蜜枣洗净。

Step2

2.鹌鹑处理后洗净，飞水。

Step3

3.赤豆和清水煮沸后放入剩下食材，煲滚后改慢火煲2小时，放盐调味。

营 养 功 能

本汤具有滋养补益、健脾开胃、提高免疫力、健脑益智、安神定志的功效。

温 馨 贴 士

黑芝麻富含不饱和脂肪酸、蛋白质、钙、磷、铁等营养物质。

椰子银耳鹌鹑汤

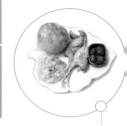

材料

鹌鹑1只，椰子1个，银耳20克，蜜枣20克，食盐适量。

步骤

Step1

1. 椰子去壳取肉，切块；银耳浸泡，撕小块；蜜枣洗净。

Step2

2. 鹌鹑处理后洗净。

Step3

3. 把适量清水煮沸后放入全部食材，猛火煲滚后改慢火煲3小时，放盐调味。

营养功能

本汤具有滋阴生津、益肤美颜的功效，适宜皮肤干燥、黯淡失泽、大便不畅者。

温馨贴士

椰子是很好的美艳润肤食品，其汁清甜甘润，能消暑、生津解渴；其肉能健美肌肤，令人面容润泽。

杏仁百合猪肺汤

材料

猪肺700克，百合25克，杏仁25克，蜜枣15克，食盐适量。

步骤

1. 杏仁、百合、蜜枣洗净。

2. 猪肺清洗干净，切件，飞水。

3. 把适量清水煮沸后放入全部食材，猛火煲滚后改用慢火煲2小时，加盐调味即可。

营养功能

本汤具有滋阴润肺、止咳化痰、清心安神、补中益气的功效，适宜痰浓气臭、肺虚咳嗽者。

温馨贴士

购买猪肺时要注意不要选择鲜红色的，鲜红色的猪肺是充了血的，炖出来会发黑，最好选择颜色稍淡的猪肺。

柏子仁瘦肉汤

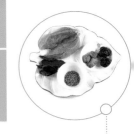

 材料

猪瘦肉500克，柏子仁100克，何首乌30克，熟地黄30克，蜜枣20克，食盐适量

步骤

Step1

1. 柏子仁、何首乌、熟地黄浸泡，洗净；蜜枣洗净。

Step2

2. 猪瘦肉洗净，切厚片，飞水。

Step3

3. 把适量清水煮沸后放入全部食材，煲开后改慢火煲3小时，放盐调味。

 营 养 功 能

本汤具有滋养补益、益智安神、提神醒脑、养血通便、补血乌发的功效。

 温 馨 贴 士

柏子仁含有脂肪，多为不饱和脂肪酸，还含有少量挥发油、皂苷、蛋白质、钙、磷、铁及多种维生素等。以颗粒饱满、黄白色、油性大、无皮壳杂质者为佳。

百合煲田鸡汤

✿ 材料

　　田鸡2只，鲜百合50克，桂圆肉30克，银耳20克，生姜2片，食盐适量。

■ 步骤

Step1

1.百合剥成瓣；银耳浸泡后撕小块；桂圆肉洗净。

Step2

2.田鸡处理后洗净，斩件。

Step3

3.把适量清水放入全部食材，猛火煲滚后改慢火煲1.5小时，放盐调味。

营养功能

　　本汤具有益阴养血、养心安神的功效，适宜皮肤干燥、肤色暗哑、色斑明显、口干烦渴者。

温馨贴士

　　田鸡可供红烧、炒食，尤以腿肉最为肥嫩；田鸡肉中易有寄生虫卵，一定要加热至熟透才可食用。

芡实节瓜鹌鹑汤

材料

鹌鹑2只，猪瘦肉250克，节瓜1根，芡实50克，生姜2片，食盐适量。

步骤

Step1

1. 芡实浸泡1小时；节瓜去皮切大块；生姜洗净切片。

Step2

2. 鹌鹑去毛、内脏，洗净，飞水；猪瘦肉洗净，切块，飞水。

Step3

3. 把适量清水煮沸后放入全部食材，再用猛火煲滚后改慢火煲2小时，加盐调味。

营养功能

本汤具有清润滋补、补中益气的功效，适宜营养不良、体虚乏力、贫血头晕、肾炎水肿者。

温馨贴士

鹌鹑肉是典型的高蛋白、低脂肪、低胆固醇食物，特别适合中老年人以及高血压、肥胖症患者食用。

黑米桑寄生鸡蛋汤

材料

鸡蛋2个，桑寄生30克，黑米30克，蜜枣15克，食盐适量。

步骤

Step1

1.黑米提前浸泡；原只鸡蛋和桑寄生放入锅内煮半小时。

Step2

2.煲至鸡蛋熟透后，取出去壳。

Step3

3.把去壳鸡蛋与黑米一同放进锅内，煮沸后改慢火煲1小时，放盐调味。

营养功能

本汤具有养阴润燥、益肝固肾、养血调经的功效，适宜腰膝酸软、四肢麻木乏力者。

温馨贴士

黑米的米粒外部有一层坚韧的种皮包裹，不宜煮烂，故黑米在烹制之前应浸泡。

冬瓜煲排骨汤

材料

排骨500克，冬瓜600克，赤豆60克，陈皮1块，食盐适量。

步骤

Step1

1. 排骨洗净斩件，放入沸水中煮5分钟，取出洗净待用。

Step2

2. 冬瓜连皮洗净，切厚块；赤豆、陈皮洗净，浸软。

Step3

3. 把适量清水煮沸后放入全部食材，猛火煲滚后改慢火煲2小时，放盐调味。

营养功能

本汤具有清热解毒、降脂降压、利水除湿、和血排脓、通利小便的功效。

温馨贴士

陈皮果皮以片大、色鲜、油润、质软、香气浓、味甜苦辛者为佳。

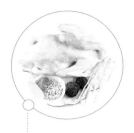

茅根薏米老鸭汤

材料

老鸭1只，鲜白茅根40克，生地黄30克，薏米30克，蜜枣20克，生姜2片，食盐适量。

步骤

1. 鲜白茅根、生地黄、薏米、蜜枣分别洗净。

2. 老鸭斩件，洗净，飞水。

3. 把适量清水煮沸后放入全部食材，猛火煲滚后改慢火煲3小时，放盐调味。

营养功能

本汤具有滋阴生津、凉血止血、利尿渗湿的功效，适宜泌尿系统感染、肾结石、尿少尿黄者。

温馨贴士

白茅根能清热凉血、利尿止血，鲜用效果更佳。

白果煲猪肺汤

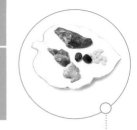

材料

猪肺400克，猪瘦肉250克，白果20克，蜜枣20克，生姜适量，食盐适量。

步骤

Step1

1.蜜枣、白果洗净；猪瘦肉洗净，切大块；准备适量生姜。

Step2

2.猪肺洗净，切成块状，飞水。

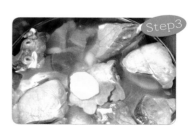
Step3

3.把适量清水煮沸后放入全部食材，再用猛火煲滚后改慢火煲3小时，加盐调味。

营养功能

本汤具有润肺止咳、化痰、降逆下气的功效，适宜肺寒、咳嗽日久不愈、气喘乏力者。

温馨贴士

白果即银杏，能敛肺定喘、止带缩尿，对肺虚、肺寒引起的咳嗽哮喘有很好的食疗功效，但白果有小毒，不宜过食。

雪梨参须乌鸡汤

材料

乌鸡1只，雪梨2个，参须20克，蜜枣20克，食盐适量。

步骤

Step1

1.乌鸡洗净，斩件。

Step2

2.雪梨去核，洗净，切块；参须、蜜枣洗净。

Step3

3.把适量清水煮沸后放入全部食材，猛火煲滚后改慢火煲2小时，放盐调味。

营养功能

本汤具有润泽肌肤、益气养阴的功效，适宜面色晦暗、皮肤干燥、气短乏力者。

温馨贴士

人参须为五加科植物人参的细支根及须根。人参须因加工方法不同，有红直须、白直须、红弯须、白弯须等品种。

祈艾黑米鸡蛋汤

材料

鸡蛋2只，黑米20克，红枣20克，祈艾10克，蜜枣15克，食盐适量。

步骤

1.祈艾、黑米浸泡，红枣去核洗净；蜜枣洗净。

2.鸡蛋煮熟后去壳，待用。

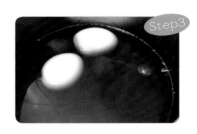

3.把适量清水煮沸后放入全部食材，猛火煲滚后改慢火煲1小时，放盐调味。

营养功能

本汤具有温经止血、滋阴补血、调经养血的功效，适宜月经失调者。

温馨贴士

本汤中加入黑米，既有利于保护胃肠黏膜，又有利于药物吸收。

霸王花煲猪骨汤

材料

猪骨500克，霸王花50克，南、北杏仁30克，蜜枣25克，食盐适量。

步骤

Step1

1. 先把霸王花浸泡1小时，洗净；南、北杏仁、蜜枣洗净。

Step2

2. 猪骨洗净，斩件。

Step3

3. 把适量清水煮沸后放入全部食材，猛火煲滚后改慢火煲3小时，加盐调味即可。

营养功能

本汤具有清凉滋补、清热润肺、化痰止咳的功效，适宜喘促胸闷、肠燥便秘者。

温馨贴士

霸王花主要产于广东，为仙人掌科量天尺属植物。煲汤可选鲜品亦可用干品，选购时以朵大、色鲜明、味香甜者为佳。

冬瓜煲鸡汤

材料

鲜鸡半只，冬瓜400克，红枣10克，食盐适量。

步骤

Step1

1.冬瓜连皮洗净，切块；红枣去核，洗净。

Step2

2.鲜鸡洗净，切块。

Step3

3.把适量清水煮沸后加入全部食材，再用猛火煲滚后改慢火煲1.5小时，加盐调味。

营养功能

本汤具有清热解暑、化痰止咳、利尿通便、润肺生津的功效，适宜胸闷胀满、消渴者。

温馨贴士

冬瓜的品质，除早采的嫩瓜要求鲜嫩以外，一般晚采的老冬瓜则要求发育充分、老熟，肉厚，心室小；皮色青绿，带白霜，表皮无斑点和外伤，皮不软、不腐烂。

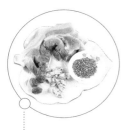

火麻仁煲猪蹍汤

材料

猪蹍肉500克，火麻仁50克，当归10克，蜜枣20克，食盐适量。

步骤

Step1

1.火麻仁、当归、蜜枣洗净。

Step2

2.猪蹍肉洗净，切块。

Step3

3.把适量清水煮沸后放入全部食材，煮沸后改慢火煲2小时，放盐调味。

营养功能

本汤具有润肠通便、清除燥热、补阴养血的功效，适宜大便不畅、大肠燥热者。

温馨贴士

猪蹍肉是猪手以上部位的肉。所有猪肉皆要煮熟，因为猪肉中有时会有寄生虫，如果生吃或调理不完全，可能会在肝脏或脑部寄生有钩绦虫。

田寸草煲猪肚汤

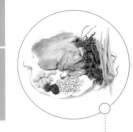

营养功能

本汤具有清热祛湿、利尿通便、凉血解毒的功效，适宜水中黄疸、肺热咳嗽、肝热目赤者。

温馨贴士

薏米较难煮熟，所以一般在煮之前需以温水浸泡2~3小时，让它充分吸收水分，在吸收了水分后再与其他米类一起煮便容易熟了。

材料

猪肚500克，田寸草150克，薏米100克，腐竹50克，白果50克，食盐适量。

步骤

Step1

1. 把猪肚翻转，用盐和生粉搓擦，然后用水冲洗，反复数次。

Step2

2. 田寸草连头茎洗净；白果、薏米、腐竹洗净。

Step3

3. 把适量清水煮沸后放入全部食材，猛火煲滚后改慢火煲2小时，放盐调味。

鸡骨草煲瘦肉汤

✿材料

猪瘦肉500克，鸡骨草50克，蜜枣25克，食盐适量。

■步骤

Step1

1. 鸡骨草浸泡1小时，洗净；蜜枣洗净。

Step2

2. 猪瘦肉洗净，切块，飞水。

Step3

3. 把适量清水煮沸后放入全部食材，猛火煲滚后改慢火煲2小时，放盐调味。

营养功能

本汤具有解毒利湿、增强机体免疫力、抗癌防癌的功效，适宜消化系统及泌尿系统癌症患者。

温馨贴士

鸡骨草，又称广东相思子，常见于山地或狂野灌木林边，分布于广东、广西等地。鸡骨草全草多缠绕成束，以根粗、茎叶全者为佳。

枸杞煲鲤鱼汤

鲤鱼1条，枸杞30克，生姜适量，食盐适量。

步骤 Process

Step1

1. 枸杞提前浸泡，洗净；生姜切片，取适量。

Step2

2. 鲤鱼洗净，烧锅下油和姜片爆香，鱼入锅，煎至金黄色。

Step3

3. 把适量清水煮沸后放入全部食材，猛火煲滚后改慢火煲1.5小时，放盐调味。

营养功能

本汤具有滋阴补阳、补气益精的功效，适宜阳痿早泄、腰疼脚软、神疲乏力者。

温馨贴士

鲤鱼忌与绿豆、芋头、牛羊油、猪肝、鸡肉、荆芥、甘草、南瓜、赤豆和狗肉同食，也忌与中药中的朱砂同服。

黑木耳煲猪蹄汤

材料

猪蹄500克，黑木耳20克，红枣20克，食盐适量。

步骤

Step1

1.黑木耳洗净，浸泡半小时；红枣去核，洗净。

Step2

2.猪蹄洗净，斩件，飞水。

Step3

3.把适量清水煮沸后放入全部食材，猛火煲滚后改慢火煲3小时，放盐调味。

营养功能

本汤具有养血润肤、祛瘀消斑的功效，适宜血虚血瘀引起的面部色斑、皱纹，大便不畅者。

温馨贴士

红枣能健脾益血、健肤美颜，去核煲汤可减少燥性；本汤润燥，湿热泄泻者慎食。

白菜干煲鹌鹑汤

材料

鹌鹑1只，白菜干50克，南、北杏仁40克，蜜枣20克，食盐适量。

步骤

Step1

1.白菜干需浸泡1小时，洗净；南、北杏仁、蜜枣洗净。

Step2

2.鹌鹑去毛、内脏，洗净待用。

Step3

3.把适量清水煮沸后加入全部食材，再用猛火煲滚后改慢火煲3小时，加盐调味即可。

营养功能

本汤具有清热除烦、下气通便、止咳化痰的功效，适宜肺燥、肺热引起的咳嗽、痰黄者。

温馨贴士

南、北杏仁均有润肺、止咳、化痰的功效，但北杏仁有小毒，温水浸泡后去皮、尖可减少毒性，但用量亦不宜过多。

双豆花生猪手汤

材料

猪手750克，赤豆50克，绿豆50克，花生50克，蜜枣20克，食盐适量。

步骤

Step1

1.赤豆、绿豆、花生洗净，浸泡1小时；蜜枣洗净。

Step2

2.猪手洗净，斩件，飞水。

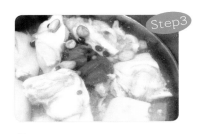

Step3

3.把适量清水煮沸后放入全部食材，猛火煲滚后改慢火煲3小时，放盐调味。

营养功能

本汤具有润泽肌肤、清热养血的功效，适宜易生色斑、肤色晦暗、皮肤干燥者。

温馨贴士

猪手能补血生肌，其所含的胶黏质可使皮肤皱纹减少和推迟皱纹产生，是养颜美肤的佳品。

麦冬玄参瘦肉汤

材料

猪瘦肉500克，玄参30克，麦冬30克，蜜枣20克，食盐适量。

步骤

Step1

1.玄参、麦冬需浸泡1小时，洗净；蜜枣洗净。

Step2

2.猪瘦肉切厚片，洗净，飞水。

Step3

3.把适量清水煮沸后放入全部食材，猛火煲滚后改慢火煲3小时，放盐调味。

营养功能

本汤具有清热养阴、利咽解渴、清心除烦的功效，适宜咽喉肿痛、烟酒过多、风火牙痛者。

温馨贴士

猪瘦肉烹调前不要长时间浸泡在水里，这样会散失很多营养，同时口味也欠佳。

何首乌煲乌鸡汤

材料

乌鸡半只，核桃50克，何首乌30克，红枣30克，食盐适量。

步骤

Step1

1. 何首乌、核桃肉洗净；红枣去核，洗净。

Step2

2. 乌鸡常规处理，洗净，飞水。

Step3

3. 把适量清水煮沸后放入全部食材，再用猛火煲滚后改慢火煲3小时，放盐调味。

营养功能

本汤具有补血生发、益肾固肾、健脾养胃的功效，适宜头晕眼花、肾虚脱发、夜尿频者。

温馨贴士

核桃肉含有较多油脂，所以不宜多食，多食会影响消化，易致腹泻。

雪梨川贝猪肺汤

材料

猪肺500克，雪梨1个，川贝母20克，食盐适量。

步骤 Process

Step1

1.雪梨洗净，连皮切成块，去核；川贝母洗净。

Step2

2.猪肺洗净，切块，飞水。

营养功能

本汤具有滋润肺燥、生津解渴、清热化痰的功效，适宜咳痰不宜、上呼吸道感染、支气管炎者。

温馨贴士

雪梨性凉，味甘、微酸；有润肺生津，清热化痰的作用。《本草纲目》有记载："润肺凉心，消痰降火。"雪梨是治疗肺燥、咳嗽常用的果品。

Step3

3.把适量清水煮沸后加入全部食材，再用猛火煲滚后改文火煲2.5小时，加盐调味即可。

胡萝卜海蜇瘦肉汤

材料

猪瘦肉250克，海蜇头200克，胡萝卜1根，香菇30克，马蹄50克，食盐适量。

步骤

Step1

1. 胡萝卜去皮，洗净，切块；香菇浸泡；马蹄去皮，洗净。

Step2

2. 猪瘦肉洗净，切块；海蜇头浸泡，洗净，飞水。

Step3

3. 把适量清水煮沸后放入全部食材，猛火煲滚后改慢火煲3小时，放盐调味。

营养功能

本汤具有滋阴润肠、清热消滞和胃消食的功效，适宜糖尿病、高血脂、胃口欠佳者。

温馨贴士

泡发香菇的水不要丢弃，很多营养物质都溶在水中；发好的香菇放在冰箱里冷藏才不会损失营养。

黑米首乌鸡蛋汤

🍲材料

鸡蛋3个，何首乌30克，黑枣30克，熟黄精20克，黑米30克，食盐适量。

步骤 Process

Step1

1.黑米提前半天浸泡，洗净。

Step2

2.何首乌、黑枣、熟黄精分别洗净。

Step3

3.把适量清水煮沸后放入食材煲至鸡蛋熟透，取出去壳后用猛火煲1小时，放盐调味。

营·养·功·能

本汤具有健脾养血、宁神定志、益气养胃的功效，适宜记忆力减退、易于疲劳者。

温·馨·贴·士

鸡蛋富含脂肪，包括中性脂肪、卵磷脂、胆固醇等；也含有丰富的钙磷铁等矿物质，同时还含有丰富的高生物价蛋白质，具有滋养补脑、安神定志的效果。

莲子百合老鸭汤

材料

老鸭1只，莲子100克，百合50克，薏米50克，陈皮1块，食盐适量。

步骤

Step1

1. 薏米、百合、莲子浸泡，洗净捞起；陈皮浸软，洗净。

Step2

2. 老鸭常规处理，洗净，飞水。

Step3

3. 把适量清水煮沸后放入全部食材，猛火煲滚后改文火煲2小时，放盐调味。

 营 养 功 能

本汤具有清心安神、清利湿热、补脾止泻、消暑解毒、益肾涩精的功效。

 温 馨 贴 士

鸭肉适于滋补，是各种美味名菜的主要材料。人们常言"鸡鸭鱼肉"四大荤，鸭肉的蛋白质含量比畜肉含量高得多，脂肪含量适中且分布均匀。

八爪鱼煲猪䐋汤

🐷材料

猪䐋肉500克，八爪鱼干1只，节瓜2根，蚝豉50克，红枣10克，食盐适量。

步骤

Step1

1. 蚝豉浸泡2小时；节瓜去皮，切块；红枣去核，洗净。

Step2

2. 猪䐋肉洗净，飞水；八爪鱼干浸开，洗净。

Step3

3. 把适量清水煮沸后放入全部食材，猛火煲滚后改慢火煲1.5小时，放盐调味。

营养功能

本汤具有清热降火、解毒利尿、健脾止咳的功效，适宜小便不利、热气烦躁、口干口苦者。

温馨贴士

八爪鱼干含有丰富的钙、磷、铁元素，对骨骼发育和造血十分有益，可预防贫血，还可缓解疲劳，恢复视力，改善肝脏功能。

木瓜煲鲈鱼汤

鲈鱼1条，木瓜1个，老姜3片，食盐适量。

步骤

Step1

1.木瓜去皮、核，洗净切成块状。

Step2

2.鲈鱼按常规处理后，烧锅下油和姜片，鱼入锅，煎至金黄色。

Step3

3.在锅内注入适量清水煮沸后加入木瓜和鲈鱼再煮沸，改文火煲2小时，加盐调味。

 营 养 功 能

本汤具有润肺化痰、健脾开胃、消食行滞的功效，适宜咳嗽有痰兼有食滞、胃口欠佳者。

 温 馨 贴 士

半个中等大小的木瓜足以供给成人整天所需的维生素C。木瓜在中国素有"万寿果"的称号，顾名思义，多吃可延年益寿。

墨鱼粉葛猪蹄汤

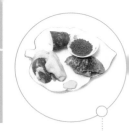

材料

猪蹄肉500克，干墨鱼100克，粉葛400克，绿豆100克，生姜2片，食盐适量。

步骤

1.粉葛去皮、切块；绿豆浸泡；墨鱼干浸透；陈皮洗净；生姜准备2片。

2.猪蹄肉洗净，切大块，飞水。

3.把适量清水煮沸后放入全部食材，猛火煲滚后改慢火煲1.5小时，放盐调味。

营养功能

本汤具有解肌退热、生津止渴、升阳止泻的功效，适宜发热头痛、口干口渴者。

温馨贴士

绿豆不宜煮得过烂，以免使有机酸和维生素遭遇到破坏，降低清热解毒功效；绿豆忌用铁锅煮。

黑米桑葚鸡蛋汤

材料

鸡蛋2只，桑葚30克，黑米20克，红枣20克，黑枣15克，食盐适量。

步骤

Step1

1.桑葚、黑米浸泡；红枣、黑枣去核，洗净。

Step2

2.鸡蛋与红枣、黑枣、桑葚放入锅内，煮至鸡蛋熟透，取出去壳。

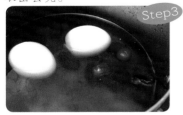

Step3

3.鸡蛋去壳后与黑米放入锅内，慢火煲2小时，放盐调味。

营养功能

本汤具有养血生发、益肝固肾的功效，适宜眩晕耳鸣、心悸失眠、须发早白者。

温馨贴士

常吃桑葚能显著提高人体免疫力，具有延缓衰老、美容养颜的功效。

芝麻双豆泥鳅汤

营·养·功·能

本汤具有润肠通便、润泽肌肤、乌发生发的功效，适宜血虚体弱、面色黄暗、须发早白者。

温·馨·贴·士

泥鳅所含脂肪成分较低，胆固醇较少，属高蛋白、低脂肪食品，且含一种类似二十碳戊烯酸的不饱和脂肪酸，有利于抗血管衰老。

步骤 Process

Step1

1.赤豆、黑豆、黑芝麻浸泡1小时，洗净；备好生姜适量。

Step2

2.泥鳅洗净体表黏液后飞水；烧锅下油和姜片，煎至金黄色。

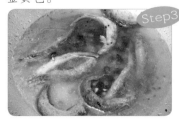
Step3

3.双豆和清水煮沸后放入剩下食材，猛火煲滚后改慢火煲2小时，放盐调味。

野葛菜煲黑鱼汤

材料

黑鱼1条，猪骨300克，鲜野葛菜400克，蜜枣20克，陈皮1块，食盐适量。

步骤

1.野葛菜原棵洗净；蜜枣洗净；陈皮浸软，洗净。

2.黑鱼处理后洗净；猪骨洗净，斩件。

3.把适量清水煮沸后放入全部食材，猛火煲滚后改慢火煲2小时，放盐调味。

营养功能

本汤具有清燥防燥、强筋健骨、消除疲劳的功效，适宜身体虚弱、低蛋白血症、脾胃气虚者。

温馨贴士

鱼肉中含有蛋白质、脂肪、18种氨基酸等，还含有人体必需的钙、磷、铁及多种维生素。

玉竹沙参鲫鱼汤

材料

鲫鱼1条，瘦肉250克，沙参30克，玉竹30克，陈皮1块，生姜2片，食盐适量。

步骤

Step1

1.瘦肉洗净，切片，飞水；陈皮浸软，洗净；沙参、玉竹洗净。

Step2

2.鲫鱼处理后洗净；烧锅下油和姜片，鱼入锅，煎至金黄色。

Step3

3.把适量清水煮沸后放入全部食材，猛火煲滚后改慢火煲1.5小时，放盐调味。

营养功能

本汤具有养阴清肺、滋补养颜、健脾开胃的功效，适宜脸色暗淡、燥伤肺阴、头昏目眩者。

温馨贴士

在鱼腹中塞入姜丝，熬成汤后，鱼腥味降低很多；鲫鱼不宜和大蒜、白糖、冬瓜和鸡肉同食，吃鲫鱼前后忌喝茶。

胡萝卜煲猪蹄汤

材料

猪蹄肉500克，胡萝卜1根，白菜150克，蜜枣20克，食盐适量。

步骤

Step1

1.胡萝卜去皮，洗净，切块；白菜洗净，切段；蜜枣洗净。

Step2

2.猪蹄肉洗净，切大块。

Step3

3.把适量清水煮沸后放入全部食材，用猛火煲滚后改慢火煲2小时，加盐调味即可。

 营 养 功 能

本汤具有清热润肺、行气化滞、健脾消食的功效，适宜咳喘痰多、食欲不振、腹胀者。

 温 馨 贴 士

烹调胡萝卜时不要加醋，避免胡萝卜素的损失，另外不要过量食用，大量摄入胡萝卜素会令皮肤色素产生变化，变成橙黄色。

莲蓬荷叶鸡汤

材料

老鸡1只，莲蓬30克，荷叶20克，红枣20克，食盐适量。

步骤

Step1

1.莲蓬、荷叶浸泡1小时，洗净；红枣去核，洗净。

Step2

2.老鸡洗净，斩件。

Step3

3.把适量清水煮沸后放入全部食材，猛火煲滚后改慢火煲2小时，放盐调味。

营养功能

本汤具有健脾升阳、散瘀止血、消暑利湿的功效，适宜水肿、食少腹胀、暑热烦渴者。

温馨贴士

煲汤的荷叶鲜品或干品皆可，但鲜品的清热解暑功效更为明显；荷叶畏桐油、茯苓、白银。

木耳田七乌鸡汤

🐼 材料

乌鸡半只，田七15克，黑木耳15克，食盐适量。

■ 步骤

Step1

1. 田七浸泡，洗净，打碎；黑木耳浸泡，洗净。

Step2

2. 乌鸡常规处理，洗净，飞水。

Step3

3. 把适量清水煮沸后放入全部食材，猛火煲滚后改慢火煲3小时，放盐调味。

营 养 功 能

本汤具有滋补强身、止血止痛、活血行淤的功效，适宜妇女剖腹产后、人流手术后的调养补品。

温 馨 贴 士

田七以体重、质坚、表面光滑、断面灰绿色或黄绿色者为佳。

节瓜眉豆排骨汤

材料

排骨750克，节瓜1根，香菇50克，眉豆50克，花生50克，蜜枣15克，食盐适量。

步骤

Step1

1. 节瓜去皮，洗净，切块；眉豆、花生、香菇洗净，浸泡1小时；蜜枣洗净。

Step2

2. 排骨斩件，洗净，飞水。

 营养功能

本汤具有消暑清热、利水渗湿、醒神开胃的功效，适宜汗多尿少、暑热烦渴、食欲不振者。

 温馨贴士

老、嫩的节瓜均可食用，是一种营养丰富，口感鲜美，炒食做汤皆宜的瓜类。嫩瓜肉质柔滑、清淡，烹调以嫩瓜为佳。

Step3

3. 眉豆和清水煮沸后放入剩下食材，猛火煲滚后改慢火煲2小时，放盐调味。

茯苓北芪瘦肉汤

🥄材料

猪瘦肉500克，茯苓30克，北芪20克，红枣20克，桂圆肉20克，生姜1片，食盐适量。

▪️步骤

1. 北芪、茯苓、桂圆肉洗净；红枣去核，洗净。

2. 猪瘦肉洗净，切厚片，飞水。

3. 把适量清水煮沸后放入全部食材，猛火煲滚后改慢火煲3小时，放盐调味。

营养功能

本汤具有解毒利湿、祛风通络、强健脾胃、补血安神、补气益肺的功效。

温馨贴士

茯苓自古被视为"中药八珍"之一，具有利水渗湿，健脾补中，宁心安神的功效；以体重坚实，外皮色棕褐，皮纹细，无裂隙，断面白色细腻，粘牙力强者为佳。

首乌桑寄生鸡蛋汤

材料

鸡蛋2个，桑寄生30克，何首乌30克，蜜枣15克，食盐适量。

步骤

Step1

1.桑寄生、何首乌浸泡，洗净；蜜枣洗净。

Step2

2.鸡蛋洗净，与所有食材一起煮至鸡蛋熟透，取出去壳。

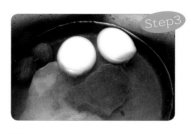
Step3

3.鸡蛋去壳后放入锅内，慢火煲1.5小时，加盐调味。

营养功能

本汤具有滋阴养血、乌发养发、益肝固肾的功效，适宜头晕眼花、腿酸软乏力者。

温馨贴士

何首乌忌与猪血、羊血、无鳞鱼、葱、蒜、萝卜一起食用。

响螺淮杞煲鸡汤

材料

鲜鸡1只，猪瘦肉150克，响螺肉150克，淮山50克，枸杞20克，桂圆肉20克，食盐适量。

步骤

Step1

1.响螺肉洗净，飞水；猪瘦肉洗净，飞水；淮山、枸杞、桂圆肉洗净。

Step2

2.鲜鸡洗净，备用。

Step3

3.把适量清水煮沸后放入全部食材，用猛火煲滚后改慢火煲2小时，放盐调味。

营养功能

本汤具有滋阴润燥、健脾养胃、安定睡眠的功效，适宜体质虚弱、食欲不振者。

温馨贴士

淮山富含黏蛋白、淀粉酶、皂苷、游离氨基酸的多酚氧化酶等物质，为病后康复食补的佳品。

冬瓜蚝豉瘦肉汤

材料

瘦肉500克，冬瓜750克，薏米60克，蚝豉30克，陈皮1块，食盐适量。

步骤 Process

Step1

1. 冬瓜连皮洗净，切大块；蚝豉、薏米浸泡1小时，洗净；陈皮浸软，洗净。

Step2

2. 瘦肉洗净，切块，飞水。

Step3

3. 把适量清水煮沸后放入全部食材，猛火煲滚后改慢火煲2小时，放盐调味。

营养功能

本汤具有滋补养血、活血美颜、清热祛暑、解毒排脓、利尿消肿、润肺生津的功效。

温馨贴士

常吃薏米可保皮肤光泽细腻，有效消除粉刺、雀斑，具有美白功效。夏秋季用冬瓜煲汤，能清暑利湿，但怀孕早期的妇女忌食。另外汗少、便秘者不宜多食。

雪梨茅根猪肺汤

材料

猪肺500克，雪梨1个，白茅根50克，百合20克，食盐适量。

步骤

Step1

1.雪梨去核，洗净，切块；白茅根、百合洗净。

Step2

2.猪肺清洗干净，切成块状，飞水。

Step3

3.把适量清水煮沸后放入全部食材，用猛火煲滚后改文火煲2小时，加盐调味即可。

营养功能

本汤具有润肺益阴、清热解毒、凉血止血的功效，适宜咳血咯血、咳痰带血、肺热肺燥者。

温馨贴士

白茅根味甘苦，性寒，无毒。入肺经、胃经、小肠经。有凉血止血、清热解毒的功效。

粉葛蜜枣鲫鱼汤

材料

鲫鱼1条，粉葛700克，蜜枣20克，陈皮1块，食盐适量。

步骤

Step1

1.粉葛去皮，洗净，切大块；蜜枣洗净。

Step2

2.鲫鱼洗净后，烧锅下油，将鲫鱼两面煎至金黄色。

Step3

3.把适量清水煮沸后放入全部食材，猛火煲滚后改慢火煲1.5小时，放盐调味。

营养功能

本汤具有清痰利湿、清热去火的功效，适宜发热头痛、口渴口苦、麻疹不透、泄泻者。

温馨贴士

粉葛具有解肌退热、生津、透疹、升阳止泻的效果，对外感困湿引起的发热，周身困重，颈紧膊痛有较好的清热作用。

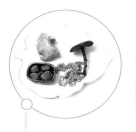

灵芝核桃猪肺汤

材料

猪肺500克，核桃肉30克，灵芝20克，蜜枣15克，食盐适量。

步骤

Step1

1. 灵芝洗净，浸泡；核桃肉、蜜枣洗净。

Step2

2. 猪肺洗净，切成块，飞水。

Step3

3. 把适量清水煮沸后放入全部食材，用猛火煲滚后改慢火煲2小时，加盐调味即可。

营养功能

本汤具有益肺润燥、纳气平喘、固肾益精的功效，适宜气不足引起的气喘气促、神疲乏力者。

温馨贴士

本汤温补，外感、肺热、肺燥引起的咳嗽者慎食。

牛大力猪脊骨汤

材料

猪脊骨750克，牛大力50克，蜜枣20克，食盐适量。

步骤

Step1

1.牛大力浸泡，洗净；蜜枣洗净。

Step2

2.猪脊骨洗净，斩件，飞水。

营养功能

本汤具有滋补强身、舒筋活络、驱风祛湿的功效，适宜腰背酸痛、腰肌劳损、风湿痹痛者。

温馨贴士

牛大力味苦，归肺、肾经，是广东常用的中草药，具有补虚润肺、强筋活络的功效，善治肺热、肺虚咳嗽、风湿性关节炎、腰肌劳损等症。

Step3

3.把适量清水煮沸后放入全部食材，用猛火煲滚后改慢火煲3小时，放盐调味。

黑豆红枣塘虱汤

材料

塘虱鱼1条，瘦肉200克，黑豆150克，红枣10克，陈皮10克，食盐适量。

步骤

Step1

1.黑豆、陈皮浸泡，洗净；红枣去核，洗净。

Step2

2.塘虱鱼处理后用清水洗过，再用盐将鱼身洗擦一遍，洗净；瘦肉洗净，待用。

Step3

3.黑豆和清水煮沸后加入剩下食材，猛火煲滚后改慢火煲2小时，放盐调味。

营养功能

本汤具有调理体虚、提神醒脑、补血养血、安神定志的功效。

温馨贴士

清洗塘虱鱼时，一定要将鱼卵清除，因为塘虱鱼卵有毒，不能食用。

藕节生地排骨汤

材料

猪排骨500克，藕节200克，生地30克，黑木耳20克，蜜枣20克，食盐适量。

步骤

Step1

1. 藕节刮皮，洗净切厚片；生地、黑木耳浸泡1小时，洗净；蜜枣洗净。

Step2

2. 猪排骨洗净，斩件，飞水。

Step3

3. 把适量清水煮沸后放入全部食材，猛火煲滚后改慢火煲2.5小时，放盐调味。

营养功能

本汤具有收敛止血、凉血散瘀、清热养颜的功效，特别适宜妇女月经过多兼肠燥便秘。

温馨贴士

藕节是莲藕根茎与根茎之间的连接部位，有收敛止血、凉血散瘀的效果，是常用的食疗佳品。

狗肝菜瘦肉汤

材料

猪瘦肉500克，狗肝菜100克，薏米50克，蜜枣20克，食盐适量。

步骤

Step1

1. 狗肝菜洗净，浸泡半小时；薏米洗净，浸泡1小时；蜜枣洗净。

Step2

2. 猪瘦肉洗净，切厚片，飞水。

Step3

3. 把适量清水煮沸后放入全部食材，猛火煲滚后改慢火煲2小时，放盐调味。

营养功能

本汤具有清热泻火、除烦润燥、生津止渴的功效，适宜肝胆湿热、烦躁易怒者。

温馨贴士

狗肝菜又名金龙棒、猪肝菜、青蛇、路边草，性凉，味甘、淡；入心、肝、大肠、小肠经，具有清热解毒、凉血、生津、利尿作用的功效。以叶多、色绿者为佳。

芥菜咸蛋瘦肉汤

材料

猪瘦肉350克，芥菜500克，咸蛋1只，食盐适量。

步骤

1. 猪瘦肉洗净，切片。

2. 芥菜洗净，切断；咸蛋去壳待用。

3. 把适量清水煮沸后放入全部食材，用猛火煲滚后改文火煲1小时，加盐调味。

营养功能

本汤具有降火止咳、化痰下气、清热下火的功效，适宜咽干口苦、烟酒过多、便结尿少者。

温馨贴士

芥菜性温，味辛，有宣肺豁痰、利气温中、解毒消肿、开胃消食、明目利膈的功效。

菜干腐竹瘦肉汤

材料

瘦肉250克，腐竹50克，菜干50克，红枣20克，食盐适量。

步骤

Step1

1.腐竹需浸泡1小时；菜干浸软即可，洗净；红枣去核，洗净。

Step2

2.瘦肉洗净，切厚片，飞水。

Step3

3.把适量清水煮沸后放入全部食材，用猛火煲滚后改慢火煲1.5小时，放盐调味。

营养功能

本汤具有清热润肺、止咳化痰、益气生津的功效，适宜咽喉干燥、痰多咳嗽者。

温馨贴士

腐竹浸泡需用凉水，如用热水泡会使腐竹易碎，不整洁美观。

白背叶根猪骨汤

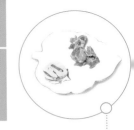

材料

猪脊骨500克，白背叶根100克，食盐适量。

步骤

Step1

1. 白背叶根浸泡1小时，洗净。

Step2

2. 猪脊骨洗净，斩块，飞水。

Step3

3. 把适量清水煮沸后放入全部食材，猛火煲滚后改慢火煲1.5小时，加盐调味。

营养功能

本汤具有补阴益髓、活血祛瘀、舒肝利湿的功效，适宜腰骨闪伤、产后风瘫者。

温馨贴士

白背叶根全年可采，洗净，切片，晒干。叶多鲜用，或夏、秋采集，晒干研粉。

蚝豉银耳猪腱汤

材料

猪腱肉500克，蚝豉50克，银耳20克，南北杏20克，陈皮1块，食盐适量。

步骤

Step1

1.蚝豉、陈皮浸软，洗净；银耳浸发，洗净，撕小块；南北杏洗净。

Step2

2.猪腱肉洗净，切块，飞水。

Step3

3.把适量清水煮沸后放入全部食材，猛火煲滚后改慢火煲2小时，放盐调味。

 营养功能

本汤具有滋润和血、滋阴养颜、祛痰清肺的功效，老少皆宜。

 温馨贴士

蚝豉又名蚝干，是杜蛎肉的干制品；以身干、个大、色红、无霉变碎块者为佳。

荷叶绿豆田鸡汤

材料

田鸡2只，绿豆100克，荷叶30克，食盐适量。

步骤 Process

Step1

1. 田鸡常规处理，洗净，斩件。

Step2

2. 绿豆洗净，浸泡1小时；荷叶浸泡，洗净。

Step3

3. 把适量清水煮沸后放入全部食材，猛火煲滚后改慢火煲1小时，放盐调味。

营养功能

本汤具有清暑解毒、生津止渴、利水消肿的功效，适宜暑热烦渴、湿热泻痢、皮肤湿疹者。

温馨贴士

田鸡因肉质细嫩胜似鸡肉，故称田鸡。田鸡富含蛋白质、糖类、水分和少量脂肪，肉味鲜美，现在食用的田鸡大多为人工养殖。

鱼腥草脊骨汤

▶ 材料

猪脊骨700克，鱼腥草30克，川贝母15克，蜜枣15克，食盐适量。

■ 步骤

Step1

1.鱼腥草浸泡，洗净；川贝母、蜜枣洗净。

Step2

2.猪脊骨洗净，斩件，飞水。

Step3

3.把适量清水煮沸后加入全部食材，猛火煲滚后改文火煲2小时，加盐调味即可。

本汤具有清热消炎、化痰止咳、清肺润燥的功效，适宜肺气肿、上呼吸道感染者。

鱼腥草选用鲜品或干品都可，功效差别不大。但选用干品须提前浸泡30分钟。

金银菜煲猪肺汤

材料

猪肺700克，白菜250克，白菜干50克，南北杏仁30克，蜜枣30克，食盐适量。

步骤

Step1

1. 白菜干浸开，洗净切段；白菜、南北杏仁、蜜枣洗净。

Step2

2. 猪肺洗净，切成块，飞水。

Step3

3. 把适量清水煮沸后加入全部食材再，猛火煲滚后改文火煲3小时，加盐调味即可。

营养功能

本汤具有祛痰止咳、防止便秘的功效，适宜老年人及产妇便秘、体虚乏力、慢性咳喘者。

温馨贴士

白菜含有丰富的钙、磷、铁，质地柔嫩，味道清香。白菜干是白菜晒干而成，富含粗纤维，有消燥除热、通利肠胃、下气消食的作用。

清补凉煲乳鸽汤

材料

乳鸽1只，瘦肉250克，清补凉1包，食盐适量。

步骤

1. 清补凉汤料要先浸泡，洗净。

2. 乳鸽处理后洗净，飞水；瘦肉洗净，飞水。

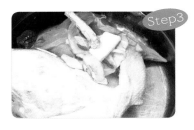

3. 把适量清水煮沸后放入全部食材，猛火煲滚后改慢火煲3小时，放盐调味。

营 养 功 能

本汤具有滋补清润、美容养颜、养胃健脾的功效，适宜心神不宁、体力透支、肾虚体弱者。

温 馨 贴 士

清补凉汤料一般在市场或药房有售，由淮山、枸杞、党参、沙参、玉竹、芡实等组成。

薏米绿豆老鸭汤

材料

老鸭1只，绿豆100克，薏米60克，陈皮1块，食盐适量。

步骤

1. 薏米、绿豆需浸泡1小时，洗净；陈皮浸软，洗净。

2. 老鸭洗净，斩件，飞水。

3. 把适量清水煮沸后放入全部食材，猛火煲滚后改慢火煲2小时，放盐调味。

营养功能

本汤具有除烦止渴、健脾利水、利湿除痹的功效，适宜水肿、脚气、高血压者。

温馨贴士

煲汤一定要一次性倒入足量水，中途不要添加，否则会冲淡汤的浓度，但如在煲炖过程中发现水少，必须添加的话，也只能添加开水，口味还是会有损失。

瘦肉清鲜汤

📛材料

瘦猪肉180克，淡菜90克，紫菜60克，鼓油、生抽、食盐、淀粉各适量。

■步骤

Step1

1.紫菜用清水浸开，洗净；淡菜用水浸软，洗净。

Step2

2.瘦猪肉洗净，切丝，用鼓油、生抽、盐、淀粉腌10分钟。

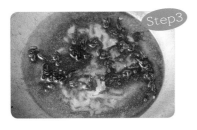
Step3

3.锅内加清水、淡菜煮开后小火煮15分钟；加紫菜、肉丝煮熟，加盐调味即可。

营养功能

本汤具有润肠止渴、滋阴阴血、帮助消化、补五脏等功效。

温馨贴士

脾胃虚寒者不宜多用此汤。

桂莲鸡蛋汤

材料

鸡蛋2个，莲子50克，桂圆15克，红枣4枚，生姜适量，食盐适量。

步骤

Step1

1. 桂圆、生姜分别洗净；莲子洗净，去心；红枣洗净，去核。

Step2

2. 鸡蛋放入清水中煮熟，去壳。

Step3

3. 瓦煲内加清水煲滚，放入以上材料，小火煲2个小时，加盐调味即可。

营养功能

本汤具有滋阴润燥、滋润容颜、防老抗衰、养血安神等功效。

温馨贴士

鸡蛋性味甘、平，归脾、胃经，是扶助正气的常用食品。

百合白果牛肉汤

🐸材料

牛肉300克，百合50克，白果50克，红枣10枚，生姜2片，食盐适量。

■步骤

Step1

1.白果、百合洗净；红枣去核洗净；牛肉用开水洗净切片。

Step2

2.锅内加水，放入牛肉片，在沸水中煮熟，捞起。

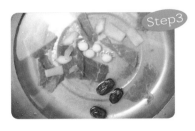
Step3

3.水煲开，下百合、红枣、白果和姜片，小火煲至将熟，加牛肉片煲开，加盐调味。

营 养 功 能

本汤味道清润可口，具有滋润肌肤、补血养颜的功效。

温 馨 贴 士

牛肉的营养价值高，古有"牛肉补气，功同黄芪"之说。

栗子白芷鸡汤

步骤

Step1

1. 栗子去壳，洗净；白芷洗净；姜切片，洗净。

Step2

2. 鸡杀好，洗净，切块。

Step3

3. 上述材料同入沙煲，加清水煮开，转文火煲2个小时，加盐调味即可。

营养功能

本汤具有滋润肌肤、益气养血、温中健脾等功效。

温馨贴士

栗子去壳可用刀将板栗切成两半，去掉外壳后放入盆里，加开水稍浸泡后用筷子搅拌，板栗皮就会脱去。

番茄鱼肚汤

🐷材料

　　鱼肚100克，番茄100克，香菜、大葱、食盐、料酒、香油各少许。

■步骤

Step1

1.鱼肚用温水泡8小时，入沸水煮2小时，再用热水浸泡。捞出沥水，加盐和料酒焯一下。

Step2

2.番茄、香菜、大葱洗净切好。

Step3

3.葱粒、番茄稍炒，下鱼肚、鲜汤、盐和料酒烧煮2分钟，撒香菜，淋香油即可。

 营 养 功 能

本汤具有滋养筋脉、止血散瘀、健胃消食等功效。

 温 馨 贴 士

　　鱼肚的质地比较坚硬，以色泽淡黄者为佳品；鱼肚的油质一定要洗净。

四宝黄豆瘦肉汤

材料

茯苓50克，核桃仁50克，白芨30克，芡实20克，黄豆30克，猪瘦肉60克，食盐适量。

步骤

Step1

1. 核桃仁、茯苓、白芨、黄豆、芡实洗干净。

Step2

2. 猪瘦肉洗净，切成片。

Step3

3. 上述材料同放入沙锅内，加适量清水煮至肉片熟烂，加盐调味即可。

营养功能

本汤具有润泽肌肤、乌须黑发、补肺止血、健脾利湿等功效。

温馨贴士

核桃仁含有的大量维生素E，经常食用有润肌肤、乌须发等作用，可以令皮肤滋润光滑，富有弹性。